Tajudeen Aderibigbe
Chijioke Olisah
Sabitu Olasupo

Hidrocarbonetos Aromáticos Policíclicos em alguns géneros alimentícios fumados em Lagos

Tajudeen Aderibigbe
Chijioke Olisah
Sabitu Olasupo

Hidrocarbonetos Aromáticos Policíclicos em alguns géneros alimentícios fumados em Lagos

Imprint
Any brand names and product names mentioned in this book are subject to trademark, brand or patent protection and are trademarks or registered trademarks of their respective holders. The use of brand names, product names, common names, trade names, product descriptions etc. even without a particular marking in this work is in no way to be construed to mean that such names may be regarded as unrestricted in respect of trademark and brand protection legislation and could thus be used by anyone.

Cover image: www.ingimage.com

This book is a translation from the original published under ISBN 978-620-2-01003-0.

Publisher:
Sciencia Scripts
is a trademark of
Dodo Books Indian Ocean Ltd. and OmniScriptum S.R.L publishing group

120 High Road, East Finchley, London, N2 9ED, United Kingdom
Str. Armeneasca 28/1, office 1, Chisinau MD-2012, Republic of Moldova, Europe
Printed at: see last page
ISBN: 978-620-7-95657-9

ÍNDICE DE CONTEÚDOS

DEDICAÇÃO

Dedico esta tese a Alá Todo-Poderoso, o criador do universo.

Dedico também aos meus pais - Alhaji Aderibigbe Yunus e Sra. Aderibigbe Falilat.

E

A minha mulher e as minhas filhas - a Sra. Aderibigbe Jemilat Olanike, a Sra. Yunus Maryam e a Sra. Yunus Aishat.

RECONHECIMENTO

O meu apreço e a minha profunda gratidão vão, em primeiro lugar, para Alá Todo-Poderoso, pela sua orientação, proteção, sustento e inspiração, que conduziram à conclusão bem sucedida deste trabalho de investigação, apesar de todas as adversidades encontradas.

Agradeço sinceramente o esforço incansável dos meus co-autores de investigação, o Sr. Chijioke Olisah do Departamento de Ciências Químicas, Faculdade de Ciências Naturais, Universidade de Redeemers, Ede, Osun, Nigéria e o Sr. Olasupo Sabitu Babatunde do Departamento de Química, Universidade Estatal de Ciência e Tecnologia de Kano, Wudil, Kano, Nigéria.

Agradeço especialmente à minha mulher, Sra. Aderibigbe Jemilat Olanike, pela sua paciência, oração e compreensão, e ao Alhaji Wahab Abdulakeem pela sua ajuda moral e financeira. Que Alá Todo-Poderoso vos recompense em abundância.

Aderibigbe, T.A.

RESUMO

A análise de alimentos crus e assados prontos a consumir, nomeadamente milho assado, inhame assado, carne assada (suya), banana assada, peixe fumado e shawarma vendidos e consumidos no Estado de Lagos, Nigéria, foi analisada quanto à presença de 16 hidrocarbonetos aromáticos policíclicos (HAP). A cromatografia em coluna, com Na2SO4 anidro e gel de sílica, foi utilizada para a extração de PAHs com diclorometano como solvente de eluição. A identificação e a concentração dos PAH foram efectuadas por cromatografia gasosa GC/FID com a ajuda de padrões de 16 PAH. Foi detectada uma quantidade apreciável de Benzo (b) fluorantreno (0,0279mg/kg) e Benzo (a) antraceno (0,0142mg/kg) no peixe fumado; enquanto que (0,0244mg/kg) de Benzo (a) antraceno foi detectado no inhame assado. (0,0244mg/kg) de Benzo (a) antraceno também estava presente no shawarma, enquanto que (0,0399mg/kg) de Benzo (a) antraceno foi encontrado na carne assada (suya). A banana-da-terra assada também continha uma quantidade significativa de 0,0130mg/kg de Benzo (a) antraceno e o milho assado continha 0,0200mg/kg de Benzo (a) antraceno. Oito (8) outros PAHs estavam presentes em várias concentrações no peixe fumado. Quatro (4) no inhame assado, três (3) no shawarma, seis (6) na suya, cinco (5) na banana-da-terra assada e quatro (4) no milho assado estavam todos presentes em várias concentrações de PAHs. O benzo (b) fluorantreno não foi detectado no shawarma, na suya, na banana assada e no milho assado. Também foi observado que os PAHs de 3 e 4 anéis eram mais abundantes em todas as amostras de alimentos, enquanto que os PAHs de 5 e 6 anéis eram de menor percentagem no inhame assado e no peixe fumado. A percentagem relativa de 2 anéis só estava presente na banana assada. A partir dos resultados acima, os PAHs na suya foram elevados em comparação com as outras amostras de alimentos fumados estudadas. Embora o Benzo (a) pireno não estivesse presente, outros PAHs mutagénicos e cancerígenos presentes nas amostras limitam o consumo humano e podem resultar em casos de cancro e doenças relacionadas com o cancro no Estado de Lagos.

CAPÍTULO UM

1.0 INTRODUÇÃO

Os hidrocarbonetos aromáticos policíclicos (HAP), um grande grupo de produtos químicos orgânicos que contêm dois ou mais anéis aromáticos fundidos de átomos de carbono e hidrogénio, podem ser formados durante o processamento de carvão, petróleo bruto e gás natural, combustão incompleta de carvão, petróleo, gás, lixo e outras substâncias orgânicas *(ATSDR, 1995)*. Podem também ser encontrados no fumo de cigarros, nos gases de escape de automóveis e máquinas, no asfalto, no alcatrão de carvão e em produtos de madeira tratados com creosoto *(ATSDR, 1995; Masih et al., 2008)*, bem como em fontes naturais como os vulcões.

São lipofílicos, quimicamente estáveis *(Decker, 1981; Boehm et al., 1981)* e podem ser encontrados praticamente em todo o lado no solo, na água e nos alimentos. A sua presença nos alimentos é de grande interesse, uma vez que podem ser encontrados em cereais, grãos, pão de farinha, legumes, frutas, carnes, alimentos processados ou em conserva e até mesmo em leite de vaca contaminado *(bartte, 1991; falco et al., 2003)*.

Vários hidrocarbonetos aromáticos policíclicos (HAP) estão entre os carcinogéneos mais potentes que se conhecem, produzindo tumores em alguns organismos através de exposições únicas a quantidades de microgramas. Os HAP actuam tanto no local de aplicação como em órgãos distantes do local de absorção; os seus efeitos foram demonstrados em quase todos os tecidos e espécies testados, independentemente da via de administração *(Lee e Grant, 1981)*. As provas que implicam os HAP como indutores de lesões cancerígenas e pré-cancerígenas são cada vez mais numerosas e esta classe de substâncias é provavelmente um dos principais contribuintes para o recente aumento da taxa de cancro registado nos países industrializados *(Cooke e Dennis, 1984)*. Os PAH foram os primeiros compostos que se sabe estarem associados à carcinogénese *(Lee e Grant, 1981)*. O cancro da pele de origem profissional foi documentado pela primeira vez

5

em 1775, nos limpadores de chaminés de Londres, e no final do século XIX, nos trabalhadores alemães do alcatrão de carvão. No início do século XX, descobriu-se que a fuligem, o alcatrão de hulha e o breu eram cancerígenos para os seres humanos. Em 1918, foi demonstrado que as aplicações tópicas de alcatrão de carvão produziam tumores cutâneos em ratos e coelhos; o benzo(a)pireno, um PAH, foi identificado como um dos compostos mais cancerígenos do alcatrão de carvão *(Dipple, 1985)*. A atividade cancerígena para o homem da fuligem, alcatrão e óleos é incontestável. Para além dos cancros da pele inicialmente referidos, foram associadas maiores incidências de tumores do trato respiratório e do trato gastrointestinal superior à exposição profissional a estes carcinogéneos *(Dipple, 1985)*. Os cancros induzidos por PAH em animais de laboratório estão bem documentados. O benzo(a)pireno, por exemplo, produziu tumores em ratinhos, ratos, hamsters, porquinhos-da-índia, coelhos, patos e macacos após administração por via oral, dérmica e intra-peritoneal *(Pucknat, 1981)*. Foram induzidas respostas teratogénicas ou carcinogénicas em esponjas, planárias, equinodermes e PAH carcinogénicos *(Neff 1979, 1982 b)*. Foi observada uma prevalência invulgarmente elevada de neoplasias orais, dérmicas e hepáticas em peixes de fundo provenientes de sedimentos poluídos que continham níveis grosseiramente elevados de HAP *(couch e Harshbarger, 1985)*. Os compostos de HAP danificaram cromossomas em testes citogenéticos, produziram mutações em sistemas de cultura de células de mamíferos e induziram a síntese de reparação do ADN em culturas de fibroblastos humanos *(EPA, 1980)*. Alguns, especialmente os de origem biológica, não são provavelmente carcinogénicos *(Jackim e Lake, 1978)*. Certos HAP de baixo peso molecular e não cancerígenos, em níveis ambientalmente realistas, foram agudamente tóxicos para os organismos aquáticos ou produziram respostas subletais deletérias *(Neff, 1985)*. No entanto, poucas generalizações podem ser feitas sobre a classe dos compostos de HAP devido à extrema variabilidade da toxicidade e das propriedades físico-químicas dos HAP e aos seus vários efeitos em espécies individuais *(Lee e Grant, 1981)*.

Várias análises de alimentos comuns assados/grelhados a carvão provaram a presença de

PAHs como o benzo(a)pireno, antraceno, criseno, benzo(a)antraceno, indeno(1,2,3-c,d)pireno (ogbado e ogbadu, 1989; *Akpan et al., 1994; Duke e Albert, 2007; Linda et al., 2011; Akpanbang et al., 2009)*. Verificou-se que a maioria destes PAHs é cancerígena, enquanto alguns não o são *(Bababunmi et al., 1982; Alonge, 1988; Lijinslay, 1999; Fritz e Soos, 1980; Borokovcova et al., 2005).Emerole (1980)* analisou a presença de PAHs em géneros alimentícios locais disponíveis no mercado nigeriano. Descobriram que quantidades apreciáveis de benzo(a)antraceno e benzo(a)pireno estavam presentes em três variedades de peixe fumado e carne fumada (suya) comprados num mercado popular de Ibadan, na Nigéria. Num estudo recente realizado por *Olabemiwo et al., (2011)* para avaliar o teor de PAHs de 2 espécies de peixe fumado disponíveis na Nigéria ocidental; verificou-se que a soma de todos os PAHs no peixe fumado cariagariepinnus e Tilapia guineensis variava entre 0,497 e 0,814pg/kg e 0,519 e 0,772pg/kg, respetivamente. Foi referido que níveis elevados de PAH estão associados a colorações escuras em produtos aquecidos intensivamente. Este facto foi corroborado por *Ova et al. (1998)*, que referiram que os níveis de PAH eram significativamente mais elevados nas peles de peixe do que nas partes comestíveis.

Certos metais pesados, como o chumbo, o cádmio, o mercúrio e o arsénio, foram reconhecidos como potencialmente tóxicos dentro de valores-limite específicos. Alguns deles, como o cobre, o níquel, o crómio e o ferro, por exemplo, são essenciais em concentrações muito baixas para a sobrevivência de todas as formas de vida. Estes são descritos como oligoelementos essenciais apenas quando estão presentes em maiores quantidades, podendo estes, tal como os metais pesados chumbo e cádmio que já são tóxicos em concentrações muito baixas, causar anomalias metabólicas *(smirjakova et al., 2005)*.

O cádmio é um elemento relativamente volátil, não essencial para as plantas, os animais e os seres humanos. Está espalhado pelo solo, mas especialmente na proximidade de instalações industriais pesadas, o cádmio é atualmente considerado o contaminante mais grave da era moderna. É absorvido por muitas plantas e criaturas marinhas e, devido à sua toxicidade, representa um grande problema para os géneros alimentícios. O cádmio, tal como o chumbo, é um veneno cumulativo, ou seja, o perigo reside sobretudo no consumo regular de géneros alimentícios pouco contaminados *(zelezruk, 1994)*. A presença de crómio nos alimentos resulta da lavagem de resíduos industriais que contêm crómio nos sedimentos de rios e lagoas como contaminantes. Os efeitos para a saúde decorrentes da exposição ao Cr são dermatite, inflamação da pele, reação alérgica crónica, estado asmático dos pulmões e do trato respiratório, cancro do pulmão, infecções carcinogénicas fracas. As concentrações totais de Cr nos alimentos são baixas *(Barry et al., 2000)*.

Os alimentos assados (peixe, carne "suya" e banana-da-terra) são habitualmente vendidos e consumidos como snacks prontos a comer por uma grande população na região do Delta do Níger, na Nigéria. As amostras de peixe congelado, na sua maioria cavala do Atlântico (Scomber Scombrus), são descongeladas, escamadas e evisceradas, lavadas em água e mergulhadas em óleo de palma misturado com pimenta seca e sal. Em seguida, são colocadas em palitos e condimentadas com óleo de amendoim, sal, pó/farinha de amendoim, gengibre, pimenta seca e aromatizantes como o glutamato monossódico. Os palitos são depois dispostos em volta de uma tela metálica colocada sobre uma fogueira de carvão aberta *(Inyang et al., 2005)*.

A banana-da-terra torrada é preparada lavando primeiro a banana-da-terra madura/não madura em água e descascando-a. As polpas cruas são colocadas numa gaze de arame que foi colocada sobre um fogo de carvão aberto para assar até ficarem ligeiramente castanhas.

O Shawarma é confeccionado empilhando alternadamente tiras de gordura e pedaços de carne temperada num espeto vertical. Por vezes, coloca-se no topo uma cebola, um tomate ou um limão cortado ao meio para decoração. A carne é assada lentamente de todos os lados enquanto o espeto roda em frente ou sobre uma chama durante horas. Utiliza-se aquecimento a gás ou elétrico; antigamente, havia uma gaiola que continha carvão vegetal ou lenha *(Boone 111, 2006)*.

Os alimentos podem ser contaminados durante os tratamentos térmicos que ocorrem nos processos de preparação e fabrico de alimentos (durante e fumados) e de cozedura (assar, cozer e fritar) *(Ishizaki et al., 2010)*. A maioria dos HAPs é quimicamente inerte, hidrofóbica e solúvel em solventes orgânicos *(Simko, 2002)*.

A exposição humana aos HAP ocorre de três formas: inalação, contacto dérmico e consumo de alimentos contaminados. A dieta é a principal fonte de exposição humana aos HAP, uma vez que é responsável por 88 a 98% dessa contaminação *(Farhadian et al., 2011)*. O processamento de alimentos a altas temperaturas (grelhar, assar, fritar e fumar) é a principal fonte de geração de HAP, tendo sido encontrados níveis tão elevados como 200pg/kg para HAP individuais em amostras de peixe e carne fumados. Por exemplo, na carne de churrasco foram registados 130pg/kg, enquanto os valores médios de fundo se situam normalmente entre 0,01 e 1pg/kg em alimentos não cozinhados *(Gullien et al., 2009)*.

O peixe é uma fonte rica de lisina, adequada para complementar uma dieta rica em hidratos de carbono. É uma boa fonte de tiamina, riboflavina, vitaminas A e D, fósforo, cálcio e ferro. É rico em ácidos gordos polinsaturados que são importantes para baixar o nível de colesterol no sangue *(Al-Jedah et al., 1999)*. Na Nigéria, os produtos de peixe fumado são a forma mais comum de produtos de peixe para consumo. Do total de 194.000 toneladas métricas de peixe seco produzido na Nigéria, cerca de 61% foi fumado. Um dos maiores problemas que afectam a indústria pesqueira em todo o mundo é a deterioração do peixe. Nas regiões tropicais, onde a temperatura ambiente é elevada, o peixe fresco tem tendência a estragar-se num período de 12 a 20 horas *(Clucas, 1981)*. Tem-se tentado reduzir ao mínimo a deterioração do peixe através de técnicas melhoradas de conservação. Na altura da colheita, o peixe está geralmente disponível em excesso da procura. Isto leva a um preço de mercado mais baixo e à deterioração do peixe, mas se se dispuser de instalações de armazenamento, o excedente da colheita pode ser armazenado e distribuído durante a época baixa. Os métodos de conservação e de processamento exploram formas de parar ou abrandar a deterioração para dar ao produto uma vida de prateleira mais longa.

A fumagem de alimentos pertence a uma das mais antigas tecnologias de conservação de alimentos que a humanidade tem utilizado no processamento de peixe. A fumagem tornou-se um meio de oferecer produtos diversificados e de elevado valor acrescentado como uma opção de comercialização adicional para certas espécies de peixe em que o consumo fresco se torna limitado *(Gomez et al., 2009)*. As técnicas tradicionais de fumagem envolvem o tratamento de peixes pré-salgados, inteiros ou filtrados com fumo de madeira, em que o fumo da combustão incompleta da madeira entra em contacto direto com o produto, o que pode levar à sua contaminação com PAHs se o processo não for adequadamente controlado ou se for produzida uma fumagem muito intensa através da combustão lenta de madeira e aparas ou serradura no forno, diretamente por baixo do peixe ou filetes pendurados, dispostos em tabuleiros de rede.

Os níveis reais de PAH nos alimentos fumados dependem de diversas variáveis no processo de fumagem, incluindo o tipo de gerador de fumo, a temperatura de combustão e o grau de fumo, e as condições de processamento afectam a qualidade sensorial, o prazo de validade e a salubridade do produto. Os potenciais perigos para a saúde associados aos alimentos fumados podem ser causados por componentes carcinogénicos do fumo da madeira; principalmente PAHs, derivados de PAHs, tais como nitro-PAH ou PAH oxigenados e, em menor grau, aminas heterocíclicas *(Stolyhwo e sikorski; 2005)*. O fumo para a defumação de alimentos desenvolve-se devido à queima parcial de madeira, predominantemente madeira de folhosas, madeira macia e bagaço. Entre os PAH, a concentração de benzo(a)pireno ($_{Ba10}$) tem recebido especial atenção devido à sua maior contribuição para a carga global de cancro nos seres humanos, sendo utilizada como um mercado para a ocorrência e o efeito de PAH cancerígenos nos alimentos *(Rey et al., 2009)*.

Os PAH em amostras de alimentos têm sido analisados por cromatografia líquida de alta eficiência (HPLC) com deteção de ultravioleta (UV) ou fluorescência (FLD), cromatografia gasosa-espetrometria de massa (GC-MS) e GC-MS-MS. No entanto, a maioria destes métodos requer etapas de preparação das amostras, como a extração, a concentração e o isolamento, para aumentar a sensibilidade e a seletividade da sua deteção. Por exemplo, a extração líquido-líquido com vários solventes orgânicos, a extração líquida pressurizada, a permeação de gel ou a cromatografia em coluna aberta e a extração em fase sólida (SPE) têm sido utilizadas como procedimentos de limpeza *(Ishizaki et al.,2010)*. Estes procedimentos analíticos contemporâneos tornam possível determinar PAH individuais em alimentos fumados em concentrações da ordem de 0,1 pg/kg ou mesmo 0,01 pg/kg *(Stolyhwo e sikorski, 2005)*.

Os poluentes orgânicos, como os hidrocarbonetos aromáticos policíclicos (HAP), têm sido motivo de grande preocupação para os químicos ambientais, toxicologistas e agências reguladoras durante quase três décadas devido à sua potencial toxicidade *(Ossai et al., 2014)*.

Os HAP presentes na atmosfera entram na chuva como resultado da limpeza dentro e fora das nuvens *(Van Noort e Wondergem, 1985)*. O total de HAPs depositados na terra e na água é quase equivalente ao teor de HAPs na chuva; quantidades significativas de HAPs são encontradas em áreas presumivelmente livres de poluição, indicando a importância da chuva no transporte e distribuição de HAPs *(Quaghebeur et al., 1983)*. Os HAP podem chegar ao meio aquático através de efluentes de esgotos domésticos e industriais, do escoamento superficial da terra, da deposição de partículas transportadas pelo ar e, especialmente, através do derrame de petróleo e produtos petrolíferos nas massas de água *(Jackim e Lake 1978; Lake et al. 1979; EPA 11980; Marten 1982; Boehm e Farrington 1984; Hoffman et al. 1984; Prahl et al., 1984)*. A maioria dos HAPs que entram em ambientes aquáticos permanece perto dos locais de deposição, sugerindo que os lagos, rios, estuários e ambientes marinhos costeiros perto de centros de populações humanas são os principais repositórios de HAPs aquáticos *(Neff ,1979)*. Foram evidentes grandes variações nos teores de HAPs aquáticos devido a fontes localizadas e a condições físico-químicas. Por exemplo, o escoamento urbano de águas pluviais e de auto-estradas para a Baía de Narragansett, Rhode Island, foi responsável por 71% do total de entradas de PAHs de maior peso molecular e 36% do total de PAHs *(Hoffman et al., 1984)*. Mais de 30% de todos os PAH derivados da combustão nos sedimentos costeiros do Estado de Washington são fornecidos pelo transporte fluvial de materiais particulados em suspensão, enquanto a entrada atmosférica direta representa um máximo de 10% *(Prahl et al., 1984)*. Em contrapartida, as concentrações de HAP nos sedimentos da vizinhança de Georges Bank, ao largo da costa nordeste dos EUA, variaram entre 1 e 100 pg/kg de peso seco e estavam diretamente relacionadas com o carbono orgânico total, o silte e o teor de argila nos sedimentos; os HAP derivados da combustão dominaram nas concentrações mais elevadas, enquanto os níveis mais baixos foram frequentemente associados a uma origem fóssil.

A água de descarga proveniente de testes hidrostáticos de gasodutos de gás natural é uma fonte significativa de carga de PAH em ambientes aquáticos, contribuindo com até 32.000 pg/PAHs/1 de água de descarga, principalmente como naftaleno *(Eicernan et al., 1984)*. Mais de 25PAH, principalmente antracenos e pirenos, foram detectados em resíduos de condutas nas paredes internas de gasodutos de gás natural em concentrações até 2.400 pg/m^2 da superfície interna; os mesmos compostos podem ser razoavelmente esperados em resíduos aquosos provenientes da manutenção de condutas *(Eiceman et al., 1985)*. A libertação destas águas de descarga, ou de águas semelhantes, diretamente para ambientes aquáticos resultará numa contaminação semelhante à causada por derrames de petróleo; no entanto, estes locais de poluição podem ocorrer em locais distantes das actividades de produção e refinação de petróleo *(Eiceman et al., 1984)*. A presença de PAH e de PAH clorados na água da torneira indica a reação dos PAH com o cloro; no entanto, a sua importância para a saúde humana e para o biota aquático é desconhecida. Os HAPs também estão presentes na água da torneira em concentrações de óleo até 1,0 ng/1, principalmente como derivados mono e diclorados de naftaleno, fenantreno, fluoreno e fluoranteno *(Shiraishi et al., 1985).*

A preocupação com os HAP no ambiente deve-se à sua persistência e ao facto de alguns serem conhecidos como potentes carcinogéneos para os mamíferos, embora os efeitos ambientais da maioria dos HAP não carcinogéneos sejam pouco conhecidos *(Neff, 1985).* Antes de 1900, existia um equilíbrio natural entre a produção e a degradação dos HAP. A síntese de HAPs por microrganismos e atividade vulcânica e a produção por reacções pirolíticas de alta temperatura provocadas pelo homem e a queima a céu aberto pareciam ser equilibradas pela destruição dos HAPs através da fotodegradação e da transformação microbiana. Com o aumento do desenvolvimento industrial e a maior utilização de combustíveis fósseis como fontes de energia, esse equilíbrio foi perturbado ao ponto de a produção e a introdução de HAP no ambiente excederem largamente o processo conhecido de remoção de HAP *(Suess, 1976; Sims e Overcash, 1983).*

Quando libertados para a atmosfera, os compostos de HAP associam-se a materiais particulados. O seu tempo de permanência na atmosfera e o transporte para diferentes localizações geográficas são determinados pela dimensão das partículas, pelas condições meteorológicas e pela física atmosférica. Os HAP altamente reactivos fotodecompõem-se facilmente na atmosfera por reação com o ozono e vários oxidantes; os tempos de degradação variam entre vários dias e seis semanas para os HAP adsorvidos em partículas de diâmetro inferior a 1pm (na ausência de precipitação) e entre < 1 dia e vários dias para os adsorvidos em partículas maiores *(Suess, 1976). As partículas atmosféricas mais pequenas que contêm PAH são facilmente inaladas (Lee e Grant ,1981)* e podem colocar problemas especiais, ainda não avaliados, para organismos transportados pelo ar, como aves, insectos e morcegos. A fotooxidação, um dos processos mais importantes na remoção dos HAP da atmosfera, pode também produzir produtos de reação que são carcinogénicos ou mutagénicos, embora pouco se saiba sobre a sua persistência (Edwards, 1983): uma das reacções de fotooxidação mais comuns dos HAP é a informação de endoperóxidos que, em última análise, sofrem uma série de reacções para formar quinonas *(Edwards, 1983)*. Vários parâmetros podem modificar a transformação química e fotoquímica dos HAP na atmosfera, nomeadamente a intensidade luminosa, a concentração de poluentes gasosos (O_3, NO_x, SO_x) e as características físico-químicas das partículas ou dos substratos em que os HAP são absorvidos; em função destas variáveis, a semi-vida do benzo(a)pireno na atmosfera varia de 10 minutos a 72 dias *(Valerio et al., 1984)*. Os PAH atmosféricos são transportados a distâncias relativamente longas a partir de zonas industriais e de incêndios naturais em florestas e pradarias *(Edwards, 1983)*; no entanto, os locais mais próximos dos centros urbanos apresentam taxas de deposição de PAH muito mais elevadas do que as zonas mais rurais *(HItes e Gshwend, 1982)*.

Grande parte dos HAP libertados para a atmosfera acaba por atingir o solo por deposição direta ou por deposição na vegetação. Os HAPs podem ser adsorvidos ou assimilados pelas folhas das plantas antes de entrarem na cadeia alimentar animal, embora alguns HAPs adsorvidos possam ser lavados pela chuva, oxidados quimicamente em outros produtos ou devolvidos ao solo à medida que as plantas se decompõem. Os HAP assimilados pela vegetação podem ser translocados, metabolizados e possivelmente fotodegradados na planta. Em algumas plantas que crescem em zonas altamente contaminadas, a assimilação pode exceder o metabolismo e a degradação, resultando numa acumulação nos tecidos vegetais *(Edwards, 1983)*.

Na água, os HAP podem evaporar-se, dispersar-se na coluna de água, incorporar-se nos sedimentos do fundo, concentrar-se no biota aquático ou sofrer oxidação química e biodegradação *(Suess, 1976)*. Os processos de degradação mais importantes dos HAPs em sistemas aquáticos são a fotooxidação, a oxidação química e a transformação biológica por bactérias e animais *(Neff, 1979)*. A maioria dos HAPs em ambientes aquáticos está associada a materiais particulados; apenas cerca de 33% estão presentes na forma dissolvida *(Lee e Grant, 1981)*. Os HAPs dissolvidos na coluna de água provavelmente degradam-se rapidamente através da foto-oxidação *(EPA, 1980)*, e degradam-se mais rapidamente em concentrações mais elevadas, a temperaturas elevadas, a níveis elevados de oxigénio e a incidências mais elevadas de radiação solar *(McGinnes e Snoeyink,1979; Suess, 1976; Bauer e Capone, 1985)*. Pensa-se que o destino final dos PAH que se acumulam nos sedimentos é a biotransformação e a biodegradação por organismos bentónicos *(EPA, 1980)*. No entanto, os HAP nos sedimentos aquáticos degradam-se muito lentamente na ausência de radiação penetrante e de oxigénio *(Suess, 1976)*, podendo persistir indefinidamente em bacias pobres em oxigénio ou em sedimentos anóxicos *(Neff, 1979)*. A degradação dos HAPs em ambientes aquáticos ocorre a um ritmo mais lento do que na atmosfera *(Suess, 1976)*, e o ciclo dos HAPs em ambientes aquáticos, tal como acontece noutros sistemas ecológicos, é mal compreendido *(Neff, 1979)*.

Os animais e os microrganismos podem metabolizar os HAP em produtos que podem, em última análise, sofrer uma degradação completa. A degradação da maioria dos HAP não é completamente compreendida. Os que se encontram no solo podem ser assimilados pelas plantas, degradados pelos microrganismos do solo ou acumulados até atingirem níveis relativamente elevados no solo. Igualmente importante para a dinâmica do ciclo dos HAPs é o estado físico dos HAPs, ou seja, se estão na fase de vapor ou associados a partículas como as cinzas volantes. A degradação dos HAPs depende dos HAPs e das partículas envolvidas *(Edward, 1983)*.

Os HAP podem entrar no corpo dos mamíferos por inalação, contacto com a pele ou ingestão, embora sejam pouco absorvidos pelo trato gastrointestinal. As principais vias de eliminação dos HAP e dos seus metabolitos incluem o sistema hepatobiliar e o trato gastrointestinal *(Sims e Overcash, 1983)*. Nos mamíferos, um sistema enzimático, conhecido como oxidase de função mista dependente do citocromo P-450, oxigenase de função mista, aril hidrocarboneto hidroxilase ou sistema de metabolização de drogas, é responsável por iniciar o metabolismo de vários compostos orgânicos lipofílicos, incluindo os HAP. A principal função deste sistema é tornar os materiais lipofílicos pouco solúveis em água mais solúveis em água e, por conseguinte, mais disponíveis para excreção. Alguns HAP são transformados em produtos intermédios, que são altamente tóxicos, mutagénicos ou cancerígenos para o hospedeiro. O metabolismo oxidativo dos HAP neste sistema processa-se através de arenoxidos intermédios altamente electrofílicos, alguns dos quais se ligam covalentemente a macromoléculas celulares como o ADN, ARN e proteínas. A maioria das autoridades concorda que a ativação metabólica pelo sistema de oxidase de função mista é conhecida por ser um pré-requisito para a carcinogénese e mutagénese induzidas por PAH *(Neff, 1979)*. Sabe-se que este sistema enzimático está presente em tecidos de roedores e no fígado humano, pele, placenta, fígado fetal, macrófagos, linfócitos e monócitos *(Lo e Sandi, 1978)*. Estudos realizados com roedores mostraram que o sistema de oxidase de função mista pode converter os HAP em vários derivados hidroxilados, incluindo fenóis, quinonas e epóxidos, e pode também ativar os HAP para produzir metabolitos cancerígenos *(Lo e Sandi, 1978)*. Os peixes e a maioria dos crustáceos testados até à data possuem as enzimas necessárias para a ativação *(Statham et al., 1976, Varanasi et al., 1980; fabacher e Baumann, 1985), mas alguns moluscos e outros invertebrados são incapazes de metabolizar eficazmente os HAP (Jackim e Lake, 1978; Varanasi et al., 1985).* Embora muitos organismos aquáticos possuam os sistemas enzimáticos necessários para a ativação metabólica dos HAP, não é certo, na maioria dos casos, que essas enzimas produzam o mesmo metabolito que o produzido pelas enzimas dos mamíferos *(Neff, 1979).*

Os HAP são metabolizados por oxidases hepáticas de função mista em epóxidos, dihidrodióis, fenóis e quinonas. Os metabolitos intermédios foram identificados como agentes mutagénicos, carcinogénicos e teratogénicos *(Sims e Overcash, 1983)*. Os mecanismos de ativação ocorrem por hidroxilação ou produção de epóxidos instáveis de PAH que danificam o ADN, iniciando o processo carcinogénico *(Jackim e Lake, 1978)*. A formação metabólica de dióxido de bário representa uma via importante através da qual os HAP são activados em agentes cancerígenos. Esta ativação metabólica processa-se através da formação inicial do dihidrodiol com a ligação dupla da região da baía, seguida de uma oxidação subseqüente do dihidrodiol para o epóxido de diol da região da baía *(Sims e Overcash, 1983)*. Os epóxidos activos podem ser convertidos em produtos menos tóxicos através de várias reacções enzimáticas e outras *(Neff, 1979)*. No caso do benzo(a)pireno, o "derradeiro carcinogéneo" (7 beta, 8 alfa-dihidroxi-7,8,9,10 tetrahidro-benzo(a)pireno-9 alfa, 10 alfa-epóxido) reage com a guanina do ARN e do ADN, ocorrendo a ligação entre o átomo c-10 do benzo(a)pireno e o grupo amino c-2 da guanina *(Grimmer, 1983; Dipple, 1985)*.

O principal objetivo deste trabalho de investigação foi determinar a taxa de hidrocarbonetos aromáticos polinucleares (HAP) de milho assado, carne assada (Suya), peixe fumado, banana fumada (Boli), inhame fumado e shawarma no Estado de Lagos, Nigéria.

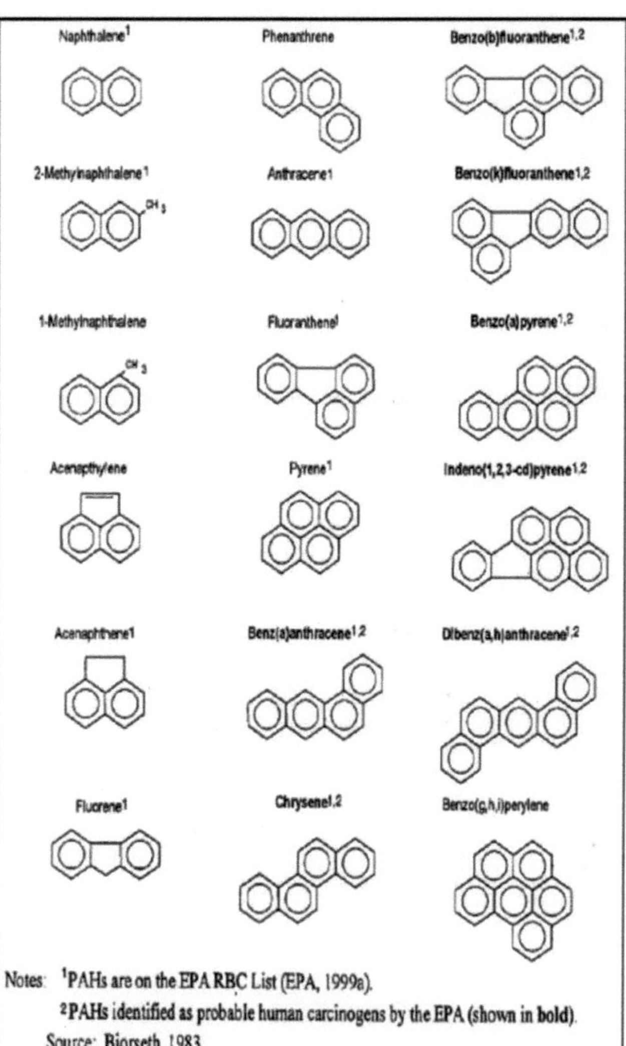

Notes: [1] PAHs are on the EPA RBC List (EPA, 1999a).

[2] PAHs identified as probable human carcinogens by the EPA (shown in **bold**).

Source: Bjorseth, 1983

1.1 OBJECTIVOS E METAS

OBJECTIVO:

Determinar a concentração de Hidrocarbonetos Aromáticos Policíclicos (HAP) em milho assado, inhame assado, carne assada (suya), banana assada, peixe fumado e sharwarma no Estado de Lagos, Nigéria.

OBJECTIVOS:

- Determinar as concentrações de Hidrocarbonetos Aromáticos Policíclicos (HAP) em milho assado, inhame assado, carne assada (suya), banana assada, peixe fumado e sharwarma.
- Determinar o risco para a saúde associado ao consumo destes géneros alimentícios.
- Para determinar a margem de exposição estimada, os valores (MOE) (BaP-MOE, PAH2-MOE, PAH4-MOE e PAH8-MOE) em todas as amostras.

CAPÍTULO DOIS

2.0 REVISÃO DA LITERATURA

Um dos conjuntos de substâncias químicas omnipresentes que abundam no ambiente são os hidrocarbonetos policíclicos (HAP), também conhecidos como hidrocarbonetos aromáticos polinucleares. Os HAP constituem uma grande classe de compostos orgânicos, contendo 2 ou mais anéis aromáticos fundidos, constituídos por átomos de carbono e hidrogénio. Os alimentos são uma fonte de HAP *(Guillen et al., 1997).*

Os HAP são formados sempre que as substâncias orgânicas são expostas a altas temperaturas em condições de pouco ou nenhum oxigénio. A destilação destrutiva do carvão em coque e alcatrão de carvão, ou o craqueamento térmico de resíduos de petróleo em hidrocarbonetos mais leves são processos pirolíticos que ocorrem intencionalmente. Entretanto, outros processos não intencionais ocorrem durante a combustão incompleta da madeira em fogos florestais e fogueiras, e a combustão incompleta de óleos combustíveis em sistemas de aquecimento. A temperatura a que ocorrem os processos pirogénicos varia entre cerca de 3500C e mais de 12000C. Os PAH pirogénicos encontram-se geralmente em maior quantidade nas zonas urbanas e em locais próximos das principais fontes de PAH, além disso, os PAH podem também formar-se a temperaturas mais baixas. Vale a pena mencionar que os óleos crus contêm PAHs que se formaram ao longo de milhões de anos a temperaturas tão baixas como (100-1500C) *(D.Shang et al., 2014).*

Neste contexto, os HAP formados durante a maturação do petróleo bruto e processos semelhantes são denominados petrogénicos. Estes PAH petrogénicos são comuns devido ao transporte, armazenamento e utilização de produtos de petróleo bruto. Algumas das principais fontes de HAP petrogénicos incluem os derrames de petróleo nos oceanos e na água doce, as fugas de tanques de armazenamento subterrâneos e à superfície e a acumulação de um grande número de pequenas descargas de gasolina, óleos de motor e substâncias afins associadas ao transporte. É bem sabido que os HAPs podem ser formados durante a combustão incompleta de substâncias orgânicas. Os HAPs também são encontrados em produtos petrolíferos *(M.K.MandD.Shang., 2014)*.

Os alimentos crus não devem normalmente conter níveis elevados de PAH em áreas afastadas de actividades urbanas ou industriais, os níveis de PAH encontrados em alimentos não transformados reflectem a contaminação de fundo. Estes PAH têm normalmente origem no transporte aéreo de partículas contaminadas a longa distância, bem como em emissões naturais de vulcões e incêndios florestais. Nas proximidades de zonas industriais ou de auto-estradas longas, a contaminação da vegetação pode ser dez vezes superior à das zonas rurais. A transformação de alimentos (como a secagem e a fumagem) e a cozedura de alimentos a altas temperaturas (grelhar, assar, fritar) são as principais fontes geradoras de HAP, tendo sido encontrados níveis elevados de HAP, como 200 pg/kg de HAP, em peixe e carne fumados. Na carne grelhada, foram registados 130 pg/kg de HAP *(Comité Permanente dos Géneros Alimentícios, 2001)*. Em geral, os valores médios de fundo situam-se na ordem dos 0,01 pg/kg em alimentos não cozinhados. A contaminação dos óleos vegetais (incluindo os óleos de bagaço de azeitona) com HAP ocorre normalmente durante processos tecnológicos como a secagem direta ao fogo. A este respeito, os produtos de combustão podem entrar em contacto com as sementes oleaginosas ou o óleo *(H. Chen e Y. Teng, 2012)*.

A ocorrência de HAPs nos alimentos é regida principalmente pelos mesmos factores físico-químicos que determinam a sua absorção e distribuição no homem. Esses factores são a solubilidade relativa dos HAP na água e nos solventes orgânicos; essa solubilidade determina a sua capacidade de transporte e distribuição entre diferentes compartimentos ambientais e a sua absorção e acumulação pelos organismos vivos. O transporte dos HAP na atmosfera é influenciado pela sua volatilidade. A reatividade química dos HAP influencia a sua adsorção a materiais orgânicos ou a sua degradação no ambiente. Todos estes factores determinam a persistência e a capacidade de bioacumulação dos HAP na cadeia alimentar. Os HAP são lipofílicos e têm geralmente uma solubilidade aquosa muito reduzida. Pelo contrário, os HAP acumulam-se nos tecidos lipídicos das plantas e dos animais. Por outro lado, os HAP não tendem a acumular-se nos tecidos vegetais com um teor de água elevado e limitado. Ocorrerá uma transferência do solo (para as raízes) dos vegetais. A taxa de transferência varia muito e é também influenciada pelas características do solo, pela planta e pela presença de co-poluentes. Os HAP são fortemente adsorvidos à fração orgânica dos solos e não penetram profundamente na maioria dos solos, limitando assim a lixiviação para as águas subterrâneas e a disponibilidade para absorção pelas plantas. Alguns HAP são semi-voláteis, mas a maioria tende a adsorver-se em partículas orgânicas *(J.Arey et al., 2003)*.

2.1 EFEITOS NA SAÚDE HUMANA

Os HAP foram identificados como sendo os mais preocupantes no que respeita à exposição potencial e aos efeitos adversos para a saúde humana, pelo que são considerados como um grupo. A monitorização biológica da exposição aos HAP é de interesse primordial, devido à difusão generalizada destes compostos e à sua relevância toxicológica. No entanto, os efeitos na saúde de cada HAP não são exatamente iguais. De facto, a Agência Internacional de Investigação sobre o Cancro classifica alguns HAP como reconhecidamente possíveis ou provavelmente cancerígenos para os seres humanos (Grupo 1, 2A ou 2B). Entre estes encontram-se o benzo(a)pireno (Grupo 1), o naftaleno, o criseno, o benzo(b)antraceno, o benzo(k)fluoranteno e o benzo(b)fluoranteno (Grupo 2B). Alguns HAP são conhecidos como carcinogénicos, mutagénicos e teratogénicos, pelo que representam uma séria ameaça para a saúde e o bem-estar dos seres humanos. O efeito mais significativo para a saúde que se pode esperar da exposição por inalação aos HAP é um risco excessivo de cancro do pulmão *(J.Arey et al., 2003)*.

2.2 VIAS DE EXPOSIÇÃO

A principal via de exposição aos HAP na população em geral é a respiração do ar ambiente e do ar interior, a ingestão de alimentos que contêm HAP, o consumo de cigarros ou o fumo de fogueiras. O fumo do tabaco contém uma variedade de HAP, como o benzo(a)pireno e mais de 40 substâncias conhecidas ou suspeitas de serem cancerígenas para o homem. Algumas culturas, como o trigo, o centeio e as lentilhas, podem sintetizar HAPs ou absorvê-los através da água, do ar ou do solo. A água também pode conter certas quantidades de HAP, uma vez que estes produtos químicos podem ser lixiviados do solo para a água ou podem entrar na água a partir de efluentes industriais e de derrames acidentais marinhos durante o transporte de petróleo. O solo também contém HAP, principalmente devido a derrames aéreos. Por conseguinte, a exposição aos HAP ocorre numa base regular para a maioria das pessoas. As vias de exposição incluem a ingestão, a inalação e o contacto dérmico, tanto em contextos profissionais como não profissionais. A exposição profissional pode também ocorrer em trabalhadores que respiram fumos de escape, como mecânicos, vendedores ambulantes, condutores de veículos automóveis, incluindo trabalhadores de minas, metalúrgicos ou da refinação de petróleo. Algumas exposições podem envolver mais do que uma via que afecta simultaneamente a dose total absorvida (como as exposições dérmicas e por inalação de ar contaminado). As pessoas podem ser expostas a HAP no ar e no solo superficial por inalação direta, ingestão ou contacto dérmico *(J.Arey e R.Atkinson, 2003).*

2.3 CONCENTRAÇÃO DE PAHs EM ALGUNS ALIMENTOS REVISADOS

PLANTINA: A concentração e o perfil de hidrocarbonetos aromáticos policíclicos (HAP) foram determinados em chips de banana-da-terra e em banana assada com o objetivo de fornecer informações sobre o risco para a saúde associado ao consumo destes alimentos. A medição foi efectuada com um cromatógrafo de fase gasosa (GC) equipado com um detetor de ionização de chama (GC-FID) após extração com acetona/diclorometano, sonicação e limpeza. A concentração total de 16PAHs variou de 6,9 a 18,3 gg/kg e de 3,8 a 10,5 gg/kg para a banana-da-terra torrada e para as lascas de banana-da-terra, respetivamente. A concentração dos indicadores de ocorrência e efeitos dos PAHs nos alimentos variou de nd a 2,9 gg/kg, nd a 7,1 gg/kg, nd a 11,0 gg/kg, nd a

13,3 gg/kg para 13ap, PAH 2, PAH 4 e PAH 8, respetivamente. O benzo(a)pireno (Bap) foi detectado em amostras de plátanos em concentrações que se encontravam dentro do limite máximo tolerável de 5 gg/kg indicado para o Bap nos alimentos. A ingestão diária de PAHs a partir do consumo destas amostras de plátanos variou de não detectado (nd) a 2,0 ggBap/kgbw/dia, nd a 4,9 gg PAH 2/kgbw/dia, nd a 7,5 gg PAH 4/kg/dia, e a 9,1 ng PAH 8/kgbw/dia. Os valores estimados da margem de exposição (MOE) (Bap- MOE) em todas as amostras foram superiores a 10.000, o que indica que as amostras de plátanos são seguras para consumo *(Ossai et al., 2014)*.

PEIXE: A fumagem de alimentos é uma das mais antigas tecnologias de conservação de alimentos que a humanidade tem utilizado na transformação de peixe. Os potenciais perigos para a saúde associados aos alimentos fumados podem ser causados por componentes cancerígenos do fumo da madeira - principalmente hidrocarbonetos aromáticos policíclicos (PAHs) e derivados de PAHs. A comparação da concentração de PAHs em amostras de peixe fumado processado por serradura, carvão vegetal e lenha foi investigada com o objetivo de determinar o processo que contribuiu com maior concentração de peixes foi investigada Carlariushevdelotii (peixe-gato). Os PAHs na amostra foram extraídos usando solventes por ultra-sonicação e foram analisados para os hidrocarbonetos aromáticos policíclicos 16USEPA usando HPLC com um detetor UV DAD. Os resultados mostraram que as amostras de peixe fumado que foram processadas por carvão vegetal apresentaram o nível mais baixo de PAHs totais, seguido pelo método da lenha, enquanto o método do pó de serra apresentou o nível mais elevado de PAHs nos peixes fumados. O nível de PAHs em três espécies de peixe fumado também se correlacionou com o teor de gordura *(Silver et al., 2011)*.

SHAWARMA: Os shawarma são normalmente confeccionados empilhando alternadamente tiras de gordura e pedaços de carne temperada num espeto vertical. A carne é assada lentamente de todos os lados enquanto os espetos rodam em frente ou sobre uma chama de carvão vegetal durante horas. Foi efectuada uma investigação sobre a presença de formação de hidrocarbonetos aromáticos policíclicos (HAP). Foram utilizados dez tipos de madeira e carvão para a preparação de amostras de carnes fumadas de shawarma. O método analítico de preparação das amostras implicou extração com ciclo-hexano, extração líquido-líquido com ciclo-hexano, seguida de limpeza em coluna de extração em fase sólida de sílica (SPE) e quantificação por cromatografia gasosa-espetrometria de massa. Verificou-se que o tipo de madeira tem uma influência significativa na quantidade de PAHs no fumo da carne do shawarma. As amostras fumadas com macieira e amieiro continham as menores concentrações de PAHs. A diferença no conteúdo de benzo(a)pireno (de 6,04 a 35,07Mg/kg) e PAHs totais (de 47,94 a 470,91Mg/kg) indicou que a escolha da madeira para fumar é um dos parâmetros críticos a controlar para diminuir a contaminação dos produtos alimentares *(Viksna et al., 2008)*.

IGUARIAS ALIMENTARES: Investigámos a presença e os níveis de 11 hidrocarbonetos aromáticos polinucleares (PAHs) em algumas iguarias alimentares assadas comummente consumidas em Owerri, uma cidade do sudeste da Nigéria. Foram adquiridas amostras de banana-da-terra, inhame, peixe e carne (popularmente designadas por suya) acabadas de assar a 10 vendedores de fast-food à beira da estrada no município, conservadas em frascos âmbar estéreis rotulados com benzeno e levadas para o laboratório em arcas de cedro. Foi utilizado um cromatógrafo de gás acoplado a um detetor de ionização de chama (GC-FID) na análise da amostra. A ANOVA de fator único e os gráficos de médias foram utilizados para detetar a homogeneidade da variância humana e a estrutura das médias dos grupos dos PAHs determinados nos alimentos, respetivamente. A banana assada continha o nível mais elevado de PAHs combinados medidos (0,0465mg/kg), seguida da suya (0,6372mg/kg), com uma concentração média de 0,004227 ($\pm$ 0,0019135) e 0,003382 ($\pm$ 0,6023045) mg/kg, respetivamente. No entanto, foi registada a menor concentração dos PAH combinados de 0,0135 (0,001227$\pm$0,0004152)mg/kg nos peixes desperdiçados. Registou-se uma heterogeneidade significativa [f(214,52>f crit (3,95) a P<0,05 (limite de confiança de 95%) nas concentrações dos HAPs nos alimentos amostrados. As parcelas de médias post-hoc revelaram que a heterogeneidade foi mais contribuída pelo flúor na suya, acenafteno e antraceno na banana assada e antraceno nas amostras de inhame assado. As concentrações mais elevadas destes hidrocarbonetos na suya do que no inhame torrado podem dever-se à maior duração da torrefação, ao maior teor de gordura da carne e à pirólise resultante da queda da gordura derretida da carne na fonte de calor. No entanto, as concentrações mais elevadas de PAH combinados registadas na banana-da-terra assada do que na carne (suya) e no peixe assado podem dever-se às distâncias mais próximas a que as amostras de banana-da-terra foram (normalmente) colocadas da fonte de calor e à temperatura mais elevada necessária para assar a banana-da-terra do que a carne e o peixe. O estudo revela altas concentrações de PAHs nos alimentos amostrados. Isto, portanto, coloca os vários consumidores em risco potencial para a saúde *(Ogbuagu et al., 2012)*.

CARNE FUMADA (Suya): Foi estudada a influência da madeira utilizada para a fumagem da carne na formação de hidrocarbonetos aromáticos policíclicos (PAH). Foram utilizados dez tipos de madeira e carvão para a preparação de amostras de carne fumada. O método analítico de preparação das amostras implicou a extração dos HAP com ciclo-hexano, a extração líquido-líquido com N,N-dimetil formamida/água, a re-extração com ciclo-hexano, seguida de limpeza em coluna de extração em fase sólida (SPE) de sílica e a quantificação por cromatografia gasosa-espetrometria de massa. Verificou-se que o tipo de madeira tem uma influência significativa na quantidade de PAHs na carne fumada. As amostras fumadas com macieira e amieiro continham as menores concentrações de PAHs. As amostras fumadas com abeto tinham as concentrações mais elevadas de PAHs. A diferença no conteúdo de benzo(a)pireno (de 6,04 a 35,07 pg/kg) e PAHs totais (de 47,94 a 470,91 gg/kg) indica que a escolha da madeira para fumar é um dos parâmetros críticos a controlar para diminuir a contaminação dos produtos alimentares *(Stumpe-Viksna et al., 2008)*.

2.4   alguns efeitos dos pahs na saúde humana

CARCINOGÉNEOS: Embora os HAP não metabolizados possam ter efeitos tóxicos, uma grande preocupação é a capacidade dos metabolitos reactivos, como os epóxidos e os di-hidrodióis, de alguns HAP para se ligarem às proteínas celulares e ao ADN. As perturbações bioquímicas e a ocorrência de danos celulares conduzem a mutações, malformações do desenvolvimento, tumores e cancro. As provas provêm principalmente de estudos profissionais de trabalhadores expostos a misturas que contêm HAP; esses estudos a longo prazo mostraram um risco acrescido de cancros predominantemente da pele e dos pulmões, bem como da bexiga e do aparelho digestivo. No entanto, estes estudos não deixam claro se a exposição aos HAP foi a principal causa, uma vez que os trabalhadores estavam simultaneamente expostos a outros agentes cancerígenos (por exemplo, aminas aromáticas) *(Bach et al., 2003)*.

TERÁTOGENS: Foram descritos efeitos embrio-tóxicos dos PAH em animais experimentais expostos a PAH como o benzo(a)antraceno, o benzo(a)pireno e o naftaleno. Estudos laboratoriais realizados em ratos demonstraram que a ingestão de níveis elevados de benzo(a)pireno durante a gravidez resultou em defeitos congénitos e na diminuição do peso corporal da descendência. Não se sabe se estes efeitos podem ocorrer nos seres humanos. No entanto, foi relatado e demonstrado que a exposição à poluição por PAHs durante a gravidez está relacionada com resultados adversos à nascença, incluindo baixo peso à nascença, parto prematuro e malformações cardíacas. A elevada exposição pré-natal aos HAP está também associada a um QI inferior aos três anos de idade, a um aumento dos problemas de comportamento aos seis e oito anos de idade e à asma infantil. O sangue do cordão umbilical de bebés expostos apresenta danos no ADN que têm sido associados ao *cancro (Wassenberg et al., 2004)*.

GENOTOXICIDADE: Os efeitos genotóxicos de alguns hidrocarbonetos aromáticos policíclicos (HAP) foram demonstrados tanto em roedores como em testes in vitro utilizando linhas celulares de mamíferos (incluindo humanos). A maioria dos HAP não é genotóxica por si só e precisa de ser metabolizada em epóxidos de diol que reagem com o ADN, induzindo assim danos genotóxicos. A genotoxicidade desempenha um papel importante no processo de carcinogenicidade e pode também estar relacionada com algumas formas de toxicidade para o desenvolvimento.

Os PAH sofrem múltiplas transformações metabólicas que podem levar à formação de derivados electrofílicos (por exemplo, diolepóxidos, quinonas, derivados hidroxialquílicos conjugados) *(Hussein e Abdel-Shafy, 2016)*.

2.5   EFEITOS DOS PAH NO SISTEMA IMUNOLÓGICO

Tem sido referido que os hidrocarbonetos aromáticos policíclicos (HAP) induzem uma reação imunitária supressora nos roedores. Os mecanismos exactos da imunotoxicidade induzida pelos HAP ainda não são claros. Concluiu-se que a supressão imunitária pode estar envolvida no mecanismo pelo qual os HAP induzem o cancro. Os efeitos imunotóxicos dos HAP foram investigados durante muitos anos. Qualquer que seja a via de exposição, o efeito resultante tem sido considerado sobretudo a nível sistémico. No entanto, muito poucos estudos procuraram verificar a alternância do sistema imunitário intestinal local. A imunossupressão está associada a uma maior suscetibilidade dos indivíduos expostos ao desenvolvimento de cancros ou de doenças infecciosas. Foi afirmado que a imunopotenciação resulta num aumento da secreção de citocinas pelas células imunitárias, o que conduz a inflamações. Em circunstâncias específicas, isto pode facilitar o desenvolvimento de tumores, a expressão de hipersensibilidade (alergia, hipersensibilidade de contacto) ou autoimunidade. Dependendo de vários parâmetros na conceção do protocolo, como a via de exposição, o ponto final, o nível alto ou baixo de dosagem, o modelo utilizado, pode observar-se imunossupressão ou imunopotenciação. No entanto, os relatórios publicados indicam que a imunossupressão é o efeito mais frequente registado após a exposição a HAP. Além disso, a literatura refere que a imunopotenciação ocorre após exposição atmosférica ou tópica ou através da utilização de sistemas in vitro. No que respeita à via de exposição, a maior parte da literatura utilizou a infeção subcutânea e intraperitoneal ou a inalação. Foram realizados estudos experimentais sobre a imunotoxicidade resultante da ingestão de PAH em alimentos contaminados, alterando a ingestão oral de uma dieta contaminada com PAH *(Hussein et al., 2015).*

CAPÍTULO TRÊS

3.0 MATERIAIS E METODOLOGIA 3.1 RECOLHA DE AMOSTRAS

Fig1:Shawarma Fig2: Peixe fumadoFig3   : Tanchagem assada

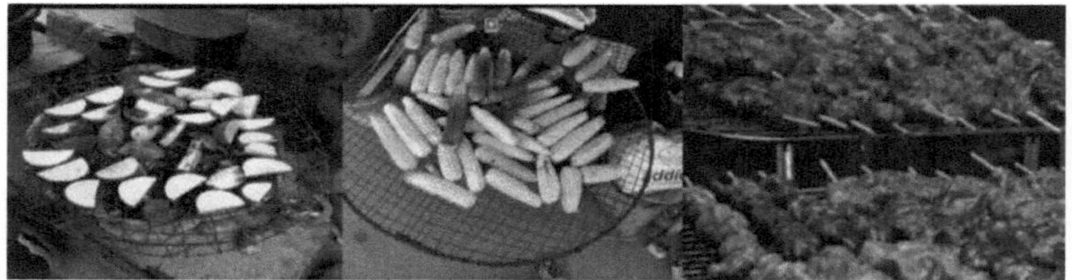

Fig4: Inhame assado Fig5: Milho assado Fig6: Carne assada (Suya)

3.2   REAGENTES E PRODUTOS QUÍMICOS UTILIZADOS

Mistura 50:50 de acetona e diclorometano (DCM)

10 g de sulfato de sódio anidro

10 g de gel de sílica pré-condicionado

3.3 EQUIPAMENTOS E APPARTUS

Copo de vidro

Frasco de fundo redondo

Cartuchos ou coluna

Sonicador

Evaporador rotativo

Cromatógrafo de gás

Detetor de ionização de chama

EXTRACÇÃO DE AMOSTRAS PARA HIDROCARBONETOS AROMÁTICOS POLINUCLEARES

*   Preparar uma mistura 50:50 de acetona e diclorometano (DCM).

*   Medir cerca de 10 gramas de amostra de alimentos bem misturados num copo de vidro de 50 ml lavado com solvente.

*   Adicionar 50 ml da mistura de solventes às amostras.

*   Colocar a amostra no sonicador e sonicar durante cerca de 10-15 minutos a cerca de 70^{0} C.

*   Após a sonicação, adicionar até 10 g de sulfato de sódio anidro à amostra para remover quaisquer moléculas de água residuais.

*   Verter o solvente do extrato para um balão de fundo redondo.

*   Concentrar o solvente em 1 a 3 ml, utilizando um evaporador rotativo.

*   A amostra está pronta para ser fraccionada em fracções aromáticas (PAH) utilizando cartuchos OU colunas.

*   Encher as colunas com lã de vidro para cromatografia e adicionar 10 g de sílica gel pré-condicionada (cozida) a 105^{0} C durante a noite.

*   Adicionar uma certa quantidade de sulfato de sódio anidro às colunas e condicioná-las com 10-15 ml de DCM.

Estes mesmos procedimentos foram utilizados para a extração das seis amostras.

Procedimento de Funcionamento do Cromatógrafo de Gás.

Tipo de instrumento:Sistema de cromatografia *gasosa* da série 6890 e 6890 plus.

Análise de amostras: Configuração do instrumento.

Os parâmetros básicos de GC para a análise de hidrocarbonetos totais de petróleo são os seguintes:

Temperatura do injetor: 250 C^0

Temperatura do detetor: 300 C^0

Equil. Tempo: 60 C^0

Temperatura do forno: 60 C^0

Valor inicial: 60 C^O

Tempo inicial: 2 minutos

Taxa 1: 10 C/min^O

Valor intermédio: 300 C^O

Tempo: 10 minutos

Taxa 2 : 250 C^0

Valor final: 310 C^0

Tempo final: 3 minutos

Purga / Válvula ligada 1 minuto

Configuração de hidrocarbonetos aromáticos (PAH)

Programa de temperatura:

Temperatura inicial: 100 C^0

Tempo inicial: 1

Taxa 1: 4 $C/mins^0$

Temperatura final: 310 C^0

Temperatura do detetor: 300^0 C

Tipo de detetor: FID

Coluna:

Coluna capilar de elevado desempenho

- *HP-5* (siloxano PH ME reticulado) 19091J-233

  Espessura da película: 1 um, Comprimento: 30m

  Razão de fase: 63 ID da coluna: 0,25 mm

- *HP-5* (siloxano PH ME reticulado) 19091J-413

  Espessura da película: 0,25 um, Comprimento: 30m

  Razão de fase: 320 ID da coluna: 0,32 mm

  Gás portador: Hélio

  Modo de entrada: Sem divisão

  Velocidade linear: 30cm/seg.

  Detetor

  Tipo: Detetor de ionização de chama

  Hidrogénio: 35 ml/min

  Ar: 350ml/min.

  Sistema de aquisição de dados: Sistema computorizado para recolher, armazenar e processar a saída do detetor.

Análise de amostras: - *Calibração inicial*

- Antes de a amostra poder ser analisada, o instrumento tem de ser calibrado para a análise.

  Isto é feito através da injeção de uma série de padrões normais de alcanos. O volume injetado é de 1uL.

- Prepara-se uma curva de calibração de cinco pontos utilizando a mistura de alcanos que foi obtida comercialmente. O intervalo da curva é de 12,5 ug/mL a 200 ug/mL
- Calcular o fator de resposta (RF) para cada alcano em cada padrão utilizando a área de resposta

  resposta e a quantidade de material padrão. Calcular o desvio padrão relativo

  percentagem (%RSD) do RF de cada alcano na curva de calibração. O valor deve

  não exceda 30% para que a curva seja considerada válida.

O fator de resposta médio para as gamas de peso é calculado e utilizado para a quantificação da amostra. Se um alcano individual exceder 30%, então os factores de resposta da gama de pesos podem ser avaliados e utilizados se cumprirem os critérios.

Se a curva não satisfizer os critérios, o analista deve verificar o cálculo da preparação de padrões que foi efectuada. Se os cromatogramas padrão já analisados indicarem problemas cromatográficos, então a porta de injeção deve ser preparada. Isto consiste em cortar 6-12 polegadas da coluna, mudar o revestimento e os septos. Se o sistema apresentar uma sensibilidade reduzida após esta limpeza, o jato do detetor deve ser limpo ou substituído. O vedante frio na base do orifício do injetor deve ser substituído sempre que se proceda a uma manutenção importante.

Análise de amostras - Calibração contínua

Diariamente, efectua-se uma calibração contínua utilizando um padrão de alcano de 100 g/ml ou 50 g/ml. Os Rf calculados dos alcanos individuais na calibração contínua são comparados com os Rf médios da calibração inicial. A diferença percentual (%D) entre os Rf deve ser inferior ou igual a 25% em pelo menos 70% dos alcanos-alvo para que a calibração inicial seja considerada válida.

O juízo de análise resultante da utilização diária contínua do instrumento é importante para determinar a validade de uma calibração contínua. Mesmo que a %D seja cumprida, a forma do pico pode ter-se deteriorado a ponto de ser necessária uma manutenção e uma nova calibração inicial

Análise de amostras - Amostras preparadas

Recomenda-se a seguinte sequência para a análise de extractos de amostras:

Branco do instrumento (cloreto de metileno ou hexano - dependendo do solvente de extração)

Padrões de calibração inicial 1 a 200pg/mL.

Padrão de calibração contínua (50 ou 100pg/mL).

Branco do instrumento. Amostras 1-10.

Calibração contínua

Instrumento em branco

Amostras 1-10.

Cálculo para análise de amostras.

A concentração de cada analito e gama de hidrocarbonetos numa amostra pode ser determinada calculando a quantidade de analito ou gama de hidrocarbonetos injectada, a partir da resposta do pico, com base no rácio analito/resposta padrão interna.

A contribuição da frente de solvente e do composto substituto é excluída da área total da amostra.

Amostras aquosas

$$Cf = \frac{\text{Área (p) x Rf x Vf x Df x1000}}{Vi}$$

Onde:

Cf = Concentração final da amostra (ug/L)

Área (p) = Área medida do pico (picos)

Vi =Volume inicial do extrato (ml)

Vf = Volume final do extrato

Df = Fator de diluição da amostra ou do extrato

Rf = Fator de resposta do cálculo do padrão de calibração.

RF = Concentração (P)

Área (P)

Concentração (p) = Concentração do pico ou concentração total da gama Área = Área do pico ou total da gama.

CAPÍTULO QUATRO
RESULTADOS E DISCUSSÃO

4.0RESULTADO

Tabela 4.1: Concentração de Hidrocarbonetos Aromáticos Policíclicos dos diferentes

amostras de alimentos.

S/N	COMPONENT	SMOKED FISH	ROASTED YAM	SHARWAMA	SUYA	ROASTED PLANTAIN	ROASTED CORN
1	Naphthalene	0.0000	0.0000	0.0000	0.0000	0.0381	0.0000
2	Acenaphthalene	0.0895	0.0000	0.0000	0.0001	0.0000	0.0000
3	Acenaphthene	0.1981	0.0730	0.0112	0.0001	0.0578	0.0846
4	Florene	0.0001	0.0000	0.0000	0.0000	0.0000	0.0000
5	Phenathrene	0.0001	0.0000	0.0000	0.0526	0.0000	0.0000
6	Anthracene	0.0001	0.0346	0.3579	0.3438	0.0113	0.0312
7	Fluoranthene	0.0001	0.0983	0.0001	0.0001	0.0641	0.0361
8	Pyrene	0.0001	0.0002	0.0572	0.0395	0.0001	0.0001
9	Benzo(a) anthracene	0.0142	0.0151	0.0244	0.0399	0.0130	0.0200
10	Crysene	0.0001	0.0000	0.0000	0.0000	0.0000	0.0000
11	Benzo(b) fluoranthrene	0.0279	0.0244	0.0000	0.0000	0.0000	0.0000
12	Benzo(k) fluoranthrene	0.0000	0.0000	0.0000	0.0000	0.0000	0.0000
13	Benzo(a)pyrene	0.0000	0.0000	0.0000	0.0000	0.0000	0.0000
14	Indeno(1,2,3) perylene	0.0000	0.0000	0.0000	0.0000	0.0000	0.0000
15	Dibenzo(a,h) anthracene	0.0000	0.0000	0.0000	0.0000	0.0000	0.0000
16	Benzo(g,h,i) Perylene	0.0000	0.0000	0.0000	0.0000	0.0000	0.0000
	Total (mg/kg)	0.3303	0.2456	0.4508	0.4762	0.1844	0.1719

Tabela 4.2: A soma das fracções totais de PAHs em alimentos fumados calculada de acordo com o seu número de anel e percentagem.

COMPONENT	SMOKED FISH	ROASTED YAM	SHARWAMA	SUYA	ROASTED PLANTAIN	ROASTED CORN
2 rings	0%	0%	0%	0%	0.0381% 20.66%	0%
3 rings	0,2879 87.16%	0.1076 43.81%	0.3691 81.88%	0.3966 83.28%	0.0691 37.47%	0.1158 67.36%
4 rings	0.0145 4.39%	0.1136 46.25%	0.0817 18.12%	0.0795 16.69%	0.0772 41,87%	0.0562 32.69%
5 rings	0.0279 8.45%	0.0244 9.93%	<0.00% <00.0%	<0%	<0%	<0%
6 rings	<0.00%	<0.00%	<0.00%	<0.00%	<0.00%	<0.00%3

4.3 DISCUSSÃO

Os resultados apresentados no quadro 4.1 são provenientes de duplicados de duas alíquotas por amostra. Foram detectados PAH de baixo peso molecular, como o naftaleno, o acenaftaleno, o acenafteno, o flúor, o fenantreno e o antraceno, e PAH de alto peso molecular, incluindo o fluoranteno, o pireno, o benzo(a)antraceno, o crioseno e o benzo(a)fluoranteno. As concentrações de PAHs totais determinadas nos alimentos fumados foram as seguintes: PEIXE (0,3303mg/kg), AMENDOIM ASSADO (0,2456mg/kg), SHARWAMA (0,4508mg/kg), SUYA (0,4762mg/kg), PLANTÃO ASSADO (0,1844mg/kg) e MILHO ASSADO (0,1719mg/kg). Foram detectados PAH cancerígenos, como o naftaleno, nas PLANTAS ASSADAS. Registaram-se níveis elevados de acenafteno na matriz de peixe, inhame, banana-da-terra assada e milho assado em comparação com sharwama e suya. O valor observado para o peixe, inhame, banana-da-terra assada, milho assado, shawarma e suya foi de 0,1981mg/kg, 0,0730mg/kg, 0,0578mg/kg, 0,0846mg/kg, 0,0112mg/kg e 0,0001mg/kg, respetivamente. Embora tenham sido detectados níveis de PAH nas seis amostras. O acenafteno foi mais elevado no peixe fumado e no milho torrado. O acenaftaleno foi detectado no peixe fumado e na suya com um nível de PAHs de 0,0895mg/kg e 0,0001mg/kg. O flúor também foi detectado apenas no peixe fumado, com um valor de 0,0001mg/kg. O fenatreno também foi detectado na suya e no peixe fumado, com um valor de PAHs de 0,0526mg/kg e 0,0001mg/kg, respetivamente. O antraceno foi detectado em todas as seis amostras, sendo o valor mais elevado (0,3579mg/kg) na sharwama, (0,0346mg/kg) no inhame torrado, (0,3438mg/kg) na suya, (0,0312mg/kg) no milho torrado, (0,0113mg/kg) na banana da terra torrada e o mais baixo (0,0001mg/kg) no peixe fumado, respetivamente. Os níveis de PAH detectados no fluoranteno foram (0,0983mg/kg) de inhame torrado, (0,0641mg/kg) de banana da terra torrada, (0,0361mg/kg) de milho torrado, (0,0001mg/kg) de peixe fumado, (0,0001mg/kg) de sharwama, (0,0001mg/kg) de suya. Foram detectados pirenos em todas as seis amostras, sendo os mais elevados em sharwama (0,0572mg/kg), (0,0395mg/kg) suya, (0,0002mg/kg) inhame assado, (0,0001mg/kg) peixe fumado, (0,0001mg/kg) banana assada e (0,0001mg/kg) milho assado. O benzo(a)antraceno é um hidrocarboneto aromático cristalino, constituído por quatro anéis de benzeno fundidos, que também foi detectado nas seis amostras com uma concentração de (0,0399mg/kg) suya, (0,0244mg/kg) sharwama, (0,0200mg/kg) milho torrado, (0,0151mg/kg) inhame torrado, (0,0142mg/kg) peixe fumado e (0,0180mg/kg) banana da terra torrada. No entanto, foram detectados PAHs de 5 e 6 anéis de elevado peso molecular, como o benzo(b)fluorantreno, no peixe fumado e no inhame torrado, com uma concentração de 0,0279mg/kg e 0,0244mg/kg, respetivamente. Enquanto que o Benzo(k)fluoranteno, o Benzo(a)pireno, o indeno(1,2,3)perileno, o Dibenzo(a,h)antraceno e o Benzo(g,h,i)perileno não foram detectados em todas as amostras. A soma da fração total de PAH nos alimentos fumados, calculada de acordo com o seu número de anéis e percentagem, é apresentada no quadro 4.1. Na amostra de banana assada, os HAPs de 2 anéis, naftaleno, constituem cerca de 20,66% do total de HAPs. Os HAP de 3 anéis, tais como o acenaftaleno, o acenafteno, o flúor, o fenantreno e o antraceno, foram os mais predominantes, com uma composição percentual de (87,16%) peixe fumado, (43,81%) inhame torrado, (81,88%) sharwama, (83,28%) suya, (37,47%) milho torrado. Seguem-se os HAP de 4 anéis, como o fluoranteno, o pireno, o benzo(a)antraceno e o criseno, com uma composição percentual predominante no inhame torrado (46,25%), (41,87%) na banana-da-terra torrada, (32,69%) no milho torrado, (18,12%) na sharwama e (4,39%) no peixe fumado. Os PAH de 3 e 6 anéis, que incluem o benzo(b)fluoranteno, o benzo(a)pireno, o dibenzo(a,h)antraceno e o benzo(k)fluoranteno, predominam com uma composição percentual de (9,93%) no inhame torrado e (8,45%) no peixe fumado, mas não foram detectados noutras amostras. Na amostra de peixe fumado, os HAP de 2 anéis constituem os valores mais baixos do total de HAP, com uma composição percentual de 0,0%, os HAP de 3 anéis constituem o valor mais elevado, com uma composição percentual de 87,16%, os HAP de 4 anéis representam 4,39% do total de HAP, os HAP de 5 anéis representam 8,45% do total de HAP e os HAP de 6 anéis não foram detectados (<0,00%). A distribuição da composição dos diferentes tamanhos de anéis de HAP mostrou que, na suya, os HAP de 3 anéis eram também mais predominantes, com uma composição percentual de 83,28%, seguidos dos HAP de 2 anéis, com uma composição percentual de zero (0%), e dos HAP de 4 anéis, com uma composição percentual de 16,69%, não tendo sido também detectados HAP de 5 e 6 anéis (<0,00%). A distribuição da composição dos diferentes tamanhos de anel dos HAPs mostrou que, em sharwama, os HAPs de 3 anéis também foram predominantes com uma composição percentual de 81,88%, seguidos pelos HAPs de 2 anéis com (0%) e HAPs de 4 anéis com uma composição percentual de 18,12%, 5 e 6 anéis também não foram detectados (<0,00%). Na amostra de milho torrado, os HAPs de 2 anéis constituem o valor mais baixo do total de HAPs com uma composição percentual de 0%, os HAPs de 3 anéis constituem o valor mais alto com uma composição percentual de 67,36%, os HAPs de 4 anéis são 32,69% do total de HAPs, os HAPs de 5 e 6 anéis não foram detectados (<0,00%). Na banana assada os HAPs de 2 anéis constituem 20,66%, os HAPs de 3 anéis constituem um valor de 37,47%, os HAPs de 4 anéis com uma composição percentual de 41,87%, os HAPs de 5 e 6 anéis não foram detectados (<0,00%). A última amostra YAM também tem HAPs de 4 anéis como predominante com uma composição percentual de 46,25%, HAPs de 3 anéis também foram bastante grandes em composição com cerca de 43,81% seguido por HAPs de 2 anéis com uma composição percentual de 0% do total de HAPs, HAPs de 5 anéis também foram detectados com um valor de composição de 9,93%, HAPs de 6 anéis não foram detectados. A concentração mais elevada corresponde ao PAH de peso molecular mais baixo, o naftaleno, enquanto a concentração mais baixa corresponde aos PAH mais pesados (pireno, benzo(a)antraceno, criseno, etc.). À medida que o peso molecular dos PAH aumenta, a concentração diminui para um nível muito pequeno, como 0,0001mg/kg de criseno no peixe fumado, e mesmo para um nível inferior ao limite de deteção (não detectado). A diferença no nível de benzo(a)antraceno em SUYA e alguns PAHs observados nas diferentes amostras seria atribuída a diferenças na natureza da madeira utilizada no processo de fumagem *(Guillen et al., 2000)*. Observou-se também que os HAPs de 3 e 4 anéis eram mais abundantes neste estudo, com uma composição percentual elevada, e que o nível mais baixo provinha dos HAPs de 5 e 6 anéis. A concentração mais elevada corresponde aos HAP de menor peso molecular, como o naftaleno, o acenaftaleno, o acenafteno, o flureno, o fenantreno e o antraceno, enquanto a concentração mais baixa corresponde aos HAP mais pesados (hidrocarbonetos com 5 e 6 anéis).

CAPÍTULO CINCO

5.0 CONCLUSÃO

Da discussão acima, pode concluir-se que o nível elevado de hidrocarbonetos policíclicos estava presente na suya em comparação com as outras amostras de alimentos fumados estudadas. Embora o benzo(a)pireno não estivesse presente, mas outros PAH mutagénicos e cancerígenos que estavam presentes nestas amostras podem resultar em casos de cancro e doenças relacionadas com o cancro no Estado de Lagos. Existe, portanto, a necessidade de educar o público sobre os perigos associados ao consumo de produtos alimentares fumados. Por conseguinte, recomenda-se a realização de mais estudos epidemiológicos para avaliar a bioacumulação de HAPs nos seres humanos.

5.1 RECOMENDAÇÃO

A fim de reduzir este perigo químico, tal como observado anteriormente por Knize et al. (1999), que alguns métodos de refrigeração, como assar, grelhar e fumar, aumentam os níveis de HAP nos alimentos, enquanto que a cozedura a vapor e a fervura quase não introduzem HAP, foi sugerido que a avaliação da exposição aos HAP é importante devido à presença generalizada de HAP no ambiente e à sua relevância toxicológica. A sensibilização e a educação do público sobre as fontes e os efeitos para a saúde da exposição aos HAP devem ser melhoradas.

REFERÊNCIAS

A Tarantini, (2011). *Exposição ambiental ao PM e metilação do DNA em genes supressores de tumores: um estudo transversal.* Toxicologia, Volume 279, 2011, pp: 36-44.

Alebic - Juretic (1990), *Air pollution damage to cell membranes.* Environmental Science Technol, Volume 24, pp:62-66.

Armstrong et al., 2004; CCME, 2010. *Uma revisão dos hidrocarbonetos aromáticos policíclicos (PAHs) transportados pelo ar e dos seus efeitos na saúde humana.* Environment International Journal 60 (2013) 71-80.

ATSDR (Agência para o Registo de Substâncias Tóxicas e Doenças), 1995; Masih et al., 2008. *A review of airborne Polycyclic Aromatic Hydrocarbons (PAHs) and their human health effects.* Environment International Journal. 60.71 - 80.

Bababunmi et al., 1982. *Hidrocarbonetos aromáticos policíclicos (PAHs) cancerígenos determinados em carne seca fumada Kundi nigeriana.* Jornal Africano de Ciência e Tecnologia Ambiental.

Bjorseth ., (1983) *handbook of Polycyclic Aromatic Hydrocarbons (PAHs).* Marcel Dekker Inc, Nova Iorque (NY).

Decker, Boehm, (1981). *Presença e Hidrocarbonetos Aromáticos Polinucleares (PAHs) comuns em alimentos básicos dos nigerianos.* British Journal of Environment and Climate Change, 1(3):90-102.

Fromberg et al., 2007. *Furano e furanos alquilados em alimentos processados pelo calor, incluindo produtos cozinhados em hpme.* Jornal Checo de Alimentação e Ciência Volume 32, 5:443448.

H Chen e Y Teng, (2012). *Distribuição das fontes de hidrocarbonetos aromáticos policíclicos (HAP) em sedimentos de superfície da zona costeira de Rizhao (China) utilizando rácios de diagnóstico e análise de factores com constantes não negativas.* Journal of Sustainability Science and Management 1:118-128.

Hussein. Abdel Shafy, Mona S.M. Marsour, (2016). *Uma revisão sobre Hidrocarbonetos Aromáticos Policíclicos (PAHs); fonte, impacto ambiental, efeito na saúde humana e remediação.* Egyptian Journal of Petroleum vol 25(1): 107123.

Iwegbue et al., 2003. *Fracionamento químico de alguns metais pesados em perfis de solo na vizinhança de lixeiras em Warri, Nigéria.* Chemical Speciation and Bioavailability 21(2).

J Arey (2003). *Reacções fotoquímicas dos hidrocarbonetos aromáticos policíclicos (PAH).* An Ecotoxicological perspective, P.E.T. Douben, 2003, John Wiley and Sons Ltd, Nova Iorque, pp47-63.

John La Boone III À volta do mundo da comida: Aventuras na História da Culinária.

Knize et al., 1999. *Aquecimento de alimentos e formação de aminas aromáticas heterocíclicas e hidrocarbonetos aromáticos policíclicos (PAHs) mutagénicos/carcinogénicos.* Escola de Farmácia, Universidade de Farmácia e Ciências da Vida de Tóquio, 14321.

Ogbadu G.H., Ogbadu L.J., et al 1989. *Níveis de benzo(a)pireno em alguns alimentos nigerianos fumados prontos a comer, hidrocarbonetos aromáticos policíclicos em amostras de peixe fresco e fumado de três cidades nigerianas.* International Food Research Journal 19(4):1595-1600.

Ogbuagu et al., 2011. *Determinação da contaminação de fontes de água subterrânea em Okrika Mainland com hidrocarbonetos aromáticos polinucleares (PAHs).* Jornal de Ciências Ambientais e da Terra. ISSN 2224-3216.

Ossai et al., 2014. *Concentração e avaliação dos riscos para a saúde dos hidrocarbonetos aromáticos policíclicos (PAH) em banana-da-terra assada e chips de banana-da-terra vendidos em Warri, estado do Delta, Nigéria.* Revista Americana de Comunicação de Investigação.

Wassenberg et al., 2004. *Toxicidade hepática crónica comparativa do benzo(a)pireno em duas populações do killifish do Atlântico (fundus heteroclitus) com diferentes histórias de exposição.* PMC US National Library of Medicine National Institute of Health 118(10):1376-1381.

MIX
Papier aus verantwortungsvollen Quellen
Paper from responsible sources
FSC® C105338

Printed by Books on Demand GmbH, Norderstedt / Germany